高等职业教育职业核心能力系列教材

Office 高级应用工作页

主　编：王霞成　罗　瑜
副主编：费若怡
参　编：蔡佳蓉　褚焕萍

北京理工大学出版社
BEIJING INSTITUTE OF TECHNOLOGY PRESS

内 容 简 介

本书是计算机基础和Office高级应用课程配套的工作页。针对职业教育的特点，突出以学生学习为中心，工作页设计的出发点和落脚点定位在学生身上，从学生实际学习工作中的案例提炼典型任务作为教学项目，分别从简历、策划活动、报告、培训等工作项目及若干工作任务出发，培养学生的Office操作技能。

本书适合职业院校师生和职业教育培训使用，亦可为Office高级应用感兴趣的读者自学使用。

图书在版编目（CIP）数据

Office高级应用工作页 / 王霞成，罗瑜主编. —北京：北京理工大学出版社，2020.8

ISBN 978-7-5682-8901-6

Ⅰ. ①O…　Ⅱ. ①王…　②罗…　Ⅲ. ①办公自动化－应用软件－职业教育－教材　Ⅳ. ①TP317.1

中国版本图书馆CIP数据核字（2020）第148554号

出版发行 / 北京理工大学出版社有限责任公司
社　　址 / 北京市海淀区中关村南大街5号
邮　　编 / 100081
电　　话 /（010）68914775（总编室）
（010）82562903（教材售后服务热线）
（010）68948351（其他图书服务热线）
网　　址 / http://www.bitpress.com.cn
经　　销 / 全国各地新华书店
印　　刷 / 唐山富达印务有限公司
开　　本 / 787毫米 ×1092毫米　1/16
印　　张 / 13
字　　数 / 176千字
版　　次 / 2020年8月第1版　2020年8月第1次印刷
定　　价 / 36.00元

责任编辑 / 朱　婧
文案编辑 / 朱　婧
责任校对 / 周瑞红
责任印制 / 施胜娟

丛书编委会

序

职业能力包括三个方面，即：职业特定能力、职业通用能力和职业核心能力。

职业特定能力是指从事某种具体的职业、工种或岗位，所需对应的技能要求，主要用于学生求职时所需的一技之长。职业通用能力是一组特征和属性相同或者相近的职业群（行业）所体现出来的共性技能，主要用于积淀学生在某一行业未来发展的潜力。职业核心能力是适用于各种岗位、职业、行业，在人的职业生涯乃至日常生活中都必须具备的基本能力，是伴随人终身成长的可持续发展能力，主要用于提升学生职业发展的迁移能力。

亚马逊贝索斯经常被问到一个问题："未来十年，会有什么样的变化?"但贝索斯很少被问到"未来十年，什么是不变的?"贝索斯认为第二个问题比第一个问题更重要，因为你需要将你的战略建立在不变的事物上。

随着知识经济时代的发展，职业结构也发生相应的变化，社会财富创造的动力正由依靠体力劳动向依靠体力和脑力劳动相结合的方向转变，随着生产技术的进步，处于职业结构金字塔底端的非技术工人和中间的半技术工人的比例将严重下降，而最受欢迎的将是具备多方面能力和广泛适应性的高素质技术人员。调查显示，企业最关注的学生素养因素排名前十位依次为：工作兴趣和积极性、责任心、职业道德、承担困难和努力工作、自我激励、诚实守信、主动、奉献、守法、创造性。这些核心素养比一般人所看重的专业技能更为重要，是一个企业长足发展的内在不竭动力。

因此，职业教育中必须有“核心素养”的一席之地，来帮助传递关键能力，如应对不确定性、适应性、创造力、对话、尊重、自信、情商、责任感和系统思维。

为此，昆山登云科技职业学院在广泛调研和借鉴国内外高职教育的经验基础上，在校级层面开设四类职业核心能力课程：专业能力类、方法能力类、社会能力类、生活能力类。

◆ 专业能力

1. 统计大数据与生活

在终极的分析中，一切知识都是历史；我们现在拥有的知识都是对过去发现的事物的归纳总结以及衍生；在抽象的意义下，一切科学都是数学：所有的知识都可以归纳为对数学的推理和运算。在大数据时代下，一切都离不开数据，而所有数据都离不开统计学，在统计学作用下，大数据才能发挥出巨大威力，具有实实在在的说服力。

2. 用 Python 玩转数据

数据蕴涵价值。大数据时代，选择合适的工具进行数据分析与数据挖掘显得尤为重要。Python 语言简洁、功能强大，使得各类人员都能快速学习与应用。同时，其开源性为解决实际问题和开发提供强大支持。Python 俘获了大批的粉丝，成为数据分析与挖掘领域首选工具。

3. 向阳而生，心花自开——大学生心理健康教育

保罗·瓦勒里说：心理学的目的是让我们对自以为了然于胸的事情，有截然不同的见解。拥有“心理学”这双眼睛，才能得到小至亲密关系、大到人生意义的终极答案。进入心理学的世界，让你看见自己，读懂他人，建立积极的社会关系，活出丰盈蓬勃的人生。

4. 审美：慧眼洞见美好

吴冠中说：“现在的文盲不多了，但美盲很多。”木心说：“没有审美

力是绝症，知识也解救不了。”现在很多人缺乏的不是物质，也不是文化，而是审美。没有恰当的审美，生活暴露出最务实、最粗俗的一面，越来越追求实用化的背后，生活越来越无趣、越来越枯萎。审美力是对生活世界的深入感觉，俗话说：世界上不乏美的事物，只缺乏那双洞察一切美的眼睛。一个人审美水平的高低，在一定程度上决定了他竞争力水平，因为审美不仅代表着整体思维，也代表着细节思维。

◆ 方法能力

5. 成为 Office 专家

学习 Office，学到的不只是 Office。职场办公，需要的不仅是技能，更需要解决问题的能力。会，只是基础；用，才是乐趣。成为 Office 专家，通过研究和解决所遇到的 Office 问题，体会协作成功之乐趣。

6. 信息素养：吾将上下而求索

会搜索是一种解决问题的能力。快速、便捷地搜索全网海量信息资源，最新、最好看的电影、爱豆视频任你选；学霸养成路上的“垫脚石”，论文、笔记、大纲、前人经验大放送；购物小技能，淘宝、京东不多花你一分钱；人脉搜索的凶猛大招，优秀校友、企业精英、电竞大神带你飞；还可以来一次说走就走的旅行，等等。让我们成为一名智慧信息的使用者。

7. Learning How to Learn 学会如何学习：从认知自我到高效学习

学会如何学习是终极生存技能。为什么学？学什么？如何学？一直是学习者关注的话题。掌握正确的学习方法，是改变学习效果的关键，也是改变人生的关键。只要找到了适合自己的学习方法，学习就会变得有意思，你也会变得更有自信，你的世界也会变得更加多元……

8. 思维力训练：用框架解决问题

你能解决多高难度的问题，决定了你值多少钱。思维能力强大的人，能够随时从众人当中脱颖而出，从而源源不断地为自己创造机会。这是一套教你如何用“思维框架”快速提升能力，有套路地解决问题的课程。

◆ 社会能力

9. 职场礼仪

我国素享“礼仪之邦”的美誉，礼仪文化源远流长、博大精深。“礼”表达的是敬人的美意，“仪”是这种美意的外显，礼仪乃是“律己之规”与“敬人之道”的和谐统一。礼仪是社交之门的“金钥匙”，是人际交往的“润滑剂”，是事业成功的“法宝”。不学礼，无以立。

10. 成功走向职场——大学生的 24 项修炼

通过技能示范、角色扮演、大组和小组讨论、教学游戏、个人总结等体验式教学法，帮助青年人加强个人能力，如沟通、自信、决策和目标设定；帮助青年人发现并分析自己关于一些人生常见话题的价值观；帮助青年人形成良好的自我与社会定位，能够用符合社会认知并且理性的方式解决问题和冲突；帮助青年人构建学以致用的职场技能，提高青年的学习生活与工作效率，让自己更加接近成功。

◆ 生活能力

11. 昆曲艺术

昆曲，又名昆山腔、昆剧，是“百戏之祖”，属于“阳春白雪”的高雅艺术。昆曲诞生于元末江苏昆山千墩，盛行于明清年间，迄今已有600 多年历史。昆曲是集文学、历史、音乐、舞蹈、美学等于一体的综合艺术。2001 年，昆曲被联合国教科文组织授予“人类口述和非物质遗产代表作”称号。

12. 投资与理财

投资理财并不只能帮助我们达到某个财务目标，它还可以帮助我们建立一种未来感，让我们把目光放得更长远，实现人生目标。本课程通过介绍投资理财的基础理论知识来武装大脑，通过介绍常见的投资理财工具来铸就投资理财利器。“内服”+“外用”，更好地弥补你和“钱”的鸿沟。

13. 大学生就业指导与创业

当你对自己的梦想产生怀疑时，生涯规划会为你点亮通往梦想的那盏明灯；当你带着梦想飞翔到陌生的职业世界，却不知如何选择职业时，科学的探索方法将成为你职业发展道路上的“魔杖”；当你在求职路上迷茫时，就业指导带给你一份新的求职心经，陪伴你在求职路上“升级打怪”；当你的目光投向创业却不知什么是创业、如何创业时，我们将为你递上一张创业名片。让我们沿着规划，一路向前，走上属于自己的职业发展之路。

14. 学生全程关怀手册

不论是课业疑惑、住宿问题、情感困扰、生活协助或就业压力，我们提供最周详的辅导、服务资讯，协助同学快速解决各类困难与疑惑。

丛书以成果导向为指导理念编写，力求将可迁移的通用能力分解为具体可操作实现的一个个阶段学习目标，相信在这些学习目标的引导下，学习者将构建形成适应当前社会经济发展需要的职业核心能力。

前　言

在工学结合一体化的课程中，学习的内容是工作，通过工作实现学习，即工作和学习是一体化的。

工作页针对职业教育的特点，突出以学生学习为中心，以工学结合一体化课程开发思想为指导，通过经历工作过程获得职业意识和方法，通过合作学习学会交流与沟通，并形成综合职业能力。在培养学生操作技能和实践技能的基础上，加强了对 Office 办公高级应用的知识构建及学生学习交流引导。本工作页有助于强化学生的合作学习能力，增强学生学习的自主性。

本书采用项目教学法，按照完整的工作过程“六步法”进行，通过完整的工作过程培养学生自主学习的能力。依据学习的内容、目标和学习结果，从“学习的内容是工作，通过工作实现学习”的原理出发，遵循职业发展的规律组织教学，有步骤、分层次地逐步加深，突出实用性和指导性。

本书由昆山登云科技职业学院 Office 课程组专业教师王霞成任主编，由费若怡老师编写项目五、项目七，罗瑜老师编写项目三、项目六，王霞成老师编写项目一、项目二，褚焕萍和蔡佳蓉老师编写项目四，王霞成老师负责全书的统稿工作。

本书在编写过程中得到了昆山登云科技职业学院其他老师的大力帮助，在此一并表示感谢。

由于编者水平有限，书中难免存在不足之处，敬请读者批评指正。

编　者

目　　录

项目一　Office 高级应用学习计划的制订与执行

项目描述

学习计划是为了达到一定的学习目标而事先拟定的学习方案。“凡事预则立，不预则废。”为了更好地实现Office高级应用的学习目标，更好地完成学习任务，我们应把自己的学习生活计划一下。

学习目标

1. 能够通过有效利用工作页、网站、参考书、视频等资料，明确计划的作用和特点，正确分析课程表的Office课程安排和课程学习目标。

2. 掌握学习计划的制作技巧，按照学习过程和课程安排，合理制订学习计划。

3. 能完成一般程序的检查记录表的设计，使用SMART原则定期检验和完善学习计划。

4. 能清楚表达自己或他人的Office学习计划，具备一定的语言表达与评价能力。

任务一　获 取 信 息

任务目标

能够清楚表达计划的意义，正确分析课程表的Office课程安排和课程学习目标。

任务描述

为了更好地完成 Office 课程学习计划的制订，我们需要了解计划的相关知识。

任务要求

1. 成立学习小组（建议 2 ~ 4 人，利于学习的互相补充与监督）。
2. 搜集计划制订和 SMART 原则的相关信息。

课前准备

1. 准备学习计划和课程表的相关材料。
2. 场地准备：一体化教室（有网络接口、供小组使用的电源接口、白板）。
3. 配套教材：《计算机基础和 Office 高级应用（第 2 版）》（周少卿，等 . 北京理工大学出版社，2019）。

知识连接

1. 学习计划的意义

第一，明确学习目标，保证学习目标的实现。明确了学习目标，还要根据自己的情况制订自己的学习要求、学习进度，以便达到具体的目标。

第二，科学组织各项学习任务，提高学习效率。如果没有科学的学习计划，就无法保证各项学习任务的完成。

第三，执行学习计划可以磨炼学习意志。计划有激励的作用，执行计划的过程，也是自己严格要求自己、约束自己学习行为的过程。计划可以产生巨大的学习动力，磨炼意志。

第四，增强计划能力，使自己成为能独立、有条理地安排学习、生活、工作的社会人。学习计划，可以防止杂乱无章的现象，使我们的学习和生活有条理，形成良好的学习习惯，这种条理性和计划性对工作与生活都有很大帮助。

2. SMART 原则

SMART 是一个目标设定原则，能够帮助我们设定理想的目标。原则上来说，所有项目的目标都应该满足 SMART 原则，即具体性（Specific，S）、可衡量性（Measurable，M）、可实现性（Attainable，A）、相关性（Relevant，R）和时限性（Time–bound，T）。这五个原则既能帮助管理者设定目标，也能够提供结构性指导，帮助他们实现目标。

教师活动

第一，引导学生组建小组。第一次分组，考虑到学生刚到新环境，需要时间适应，可采取活动分组的方式，如报数奇偶分组或数据段分组，组员人数也可以自行确定。老师可以建议异质分组。分组时还要考虑每组要有一台笔记本电脑。

第二，引导学生思考。结合学习目标与课程表，分析学习计划有什么价值，培养学生分析问题的能力。

第三，引导学生思考。要想计划成功，就必须要留有缓冲学习时间（导入 SMART 原则）。

第四，学生展示资料时，老师要引导学生互评并记录，随时观察学生的行为。

活动 1：为了高效高质量地完成本任务，允许组建自己的项目小组（2 ~ 4 人一组）。请按照要求组成工作小组，组员在专业上进行搭配，选好组长，书面报指导老师审查批准。批准后给小组编号，并固定组员。将小组信息填在表 1–1 中。

表 1-1　小组信息

<table>
<tr><td colspan="2">小组名称</td><td>小组人数</td><td>组长</td></tr>
<tr><td colspan="4">组员信息</td></tr>
<tr><td>姓名</td><td>性别</td><td colspan="2">专业</td></tr>
<tr><td></td><td></td><td colspan="2"></td></tr>
<tr><td></td><td></td><td colspan="2"></td></tr>
<tr><td></td><td></td><td colspan="2"></td></tr>
<tr><td></td><td></td><td colspan="2"></td></tr>
</table>

活动 2：通过搜集资料，能够简单叙述计划的意义和 SMART 原则。

引导问题如下。

（1）你之前是否做过类似的学习计划？实施计划的过程是否顺利？为什么？

（2）你认为在学习 Office 的过程中，做一个学习计划是否对你有帮助？

（3）如何使用 SMART 原则制订你的学习目标？

（4）你愿意使用本次计划监督你的 Office 学习吗？为什么？你希望得到什么改变？

活动 3：分析成为 Office 专家的课程目标，确定个人或团队的学习目标。

（1）通过小组讨论，明确本组学习 Office 的长期目标。

（2）根据长期目标确定短期学习目标（一周内），并在小组内交流并记录。

任务二　制 订 计 划

任务目标

1. 能制订一周的学习计划表，合理安排学习。
2. 能完成一般复杂程序的检查记录表的设计和制作。

任务描述

为了更好地学习 Office 课程，需要制订一个学习计划表和执行检查表。

任务要求

1. 根据学习目标制订一个学习计划表（一周）。
2. 根据计划表制订一个执行检查表。

课前准备

1. 学习目标确认。
2. 场地准备：一体化教室（有网络接口、供小组使用的电源接口、白板）。
3. 配套教材：《计算机基础和 Office 高级应用（第 2 版）》（周少卿，等. 北京理工大学出版社，2019）。

知识连接

1. 学习计划表参考

学习计划表有很多种形式，检索并选择你觉得合适的。日常生活和学习计划表示例如表 1–2 所示。

表 1–2 日常生活和学习计划表示例（周一到周五）

<table>
<tr><th>时间</th><th>事件</th><th>备注</th></tr>
<tr><td>下午 5：30 ~ 6：20</td><td>吃晚饭</td><td>吃饭不能挑食</td></tr>
<tr><td>下午 6：20 ~ 7：00</td><td>玩或看电视</td><td>尽量多看下新闻类电视节目</td></tr>
<tr><td rowspan="2">下午 6：50 ~ 8：30</td><td>做老师布置的家庭作业；
做课外作业；
准备明天上学的文具</td><td>1. 做作业前先回顾当天课程，消化学习内容并巩固记忆；
2. 认真结合课本知识做作业，边学边记，检查改正错题错字；
3. 背课文及英语单词；
4. 预习，根据教材学习主要内容；
5. 写日记</td></tr>
<tr><td>没有家庭作业</td><td>1. 默写课文，记英语单词；
2. 做试卷，研究难题；
3. 看课外书、作文选；
4. 学习美术</td></tr>
<tr><td>下午 8：30 ~ 9：00</td><td>玩、看电视或进行其他娱乐</td><td>属于自己的时间和空间</td></tr>
<tr><td>晚上 9：00 ~ 9：30</td><td>洗澡</td><td></td></tr>
<tr><td>晚上 9：30 ~ 10：10</td><td>看书、练字等</td><td>尽量看完自己喜欢的书本；
按字帖练习铅笔字</td></tr>
<tr><td>晚上 10：10</td><td>睡觉</td><td></td></tr>
<tr><td colspan="3">备注：
1. 专心听课，积极发言；
2. 提高效率，将有更多自己的时间；
3. 周五可以在晚上 10：00 前睡觉</td></tr>
</table>

2. 计划执行检查表

计划需要严格地执行，并形成习惯。执行计划开始的一段时间是很重要的。计划执行检查表示例如表 1–3 所示。

表 1-3　计划执行检查表示例

序号	事项	具体计划安排	时间安排	完成情况评价（★为优秀，○为良好，√为一般）						
				周一	周二	周三	周四	周五	周六	周日
一	作息时间	早上6：50起床，空腹喝一杯水，刷牙，洗脸，吃早餐	每天							
		中午：最好午睡								
		晚上：刷牙，洗脸，洗脚，在9点之前必须睡觉								
二	朗读	每天朗读绕口令、相声、诗集、散文、成语词典等	30分钟							
三	练字	每天练字	30分钟							
四	作业	每天放学先写作业	40分钟							
五	日记	每天一篇100字左右的日记（注意五要素：时间、地点、人物、事情、想法）	30分钟							
六	画画	每天画简笔画或自己喜欢的其他类型的画	20分钟							
七	英语	每天听或读英语（自己定）	20分钟							
八	阅读	读自己喜欢的课外书（可到图书馆借或书店购买）	每周1本							
九	故事	给爸妈讲小故事或者幽默小笑话或者相声（自选）	每周1次							
十	锻炼	自主开展（舞蹈健身等）	每天10分钟							
十一	家务	自由主动发挥	每天							
备注	1. 如果当天的任务没有及时完成，要用自由活动时间补； 2. 如果当天的任务提前完成，可以提前自由活动； 3. 每周总结一次，完成得好将给予休息奖励									

教师活动

第一，引导学生使用不同的工具设计学习计划表和执行检查表，选择合适的计划形式制订学习计划和执行检查表。

第二，引导学生思考与讨论检查表的设计和制作是否必要，以及如果不用检查表的结果是什么。

第三，学生展示计划和检查表时，老师要引导学生互评，鼓励小组间相互参考。

第四，引导学生思考在这个项目中用到了哪些 Office 技能和知识、遇到了什么困难。

活动 1：检索你认为合适的学习计划模板并选择你要使用的模板编制小组或个人的学习计划表。

活动 2：小组合作完成计划执行检查表的设计制作。

活动 3： 展示和互评各组作品。

（1）你认为本次展示中哪一组的计划最有可行性？你喜欢哪一组的计划执行检查表？为什么？

（2）通过展示、互评活动后，对本组的计划和计划执行检查表进行调整。

任务三　执行与反思

任务目标

1. 能通过计划的执行记录，反思本周的学习行为。
2. 通过总结本周的 Office 学习，制订下周的 Office 学习计划。
3. 反思个人的 Office 技能掌握情况。

任务描述

根据一周的学习记录，总结 Office 课程的学习，制订下一周的学习计划表，调整计划执行检查表。

任务要求

1. 完成本周学习计划总结，反思学习行为和计划的执行。
2. 制订下一周的学习计划，调整计划执行检查表。
3. 交流 Office 高级技能的使用和掌握情况。

课前准备

1. 完成第一周执行检查表的搜集。

2. 场地准备：一体化教室（有网络接口、供小组使用的电源接口、白板）。

3. 配套教材：《计算机基础和 Office 高级应用（第 2 版）》（周少卿，等 . 北京理工大学出版社，2019）。

知识连接

学习小结是对自己的学习过程、学习成果以及原因进行分析的活动。学习小结的目的是寻找自己学习的经验与教训。好的经验要发扬，教训要吸取、改善，以提高自己的学习效果。

教师活动

第一，引导学生对自己的学习进行小结，肯定学生的学习效果和坚持。

第二，引导学生思考计划与变化、坚持。

第三，学生获得成功时，老师要表扬；学生遇到困难时，老师要鼓励或者引导学生互助，鼓励小组内的相互帮助与指导。

活动 1：对一周学习计划的执行进行小结。

（1）对照计划，我完成了哪些学习任务？学到了什么？

（2）遇到了哪些问题或困难？我获得了哪些帮助？还有什么问题没有解决？

（3）其他（自拟）。

活动 2：本周学习汇报与展示，结合组内评价与组间互评选出“学习之星”。汇报形式不限，时间为 3 分钟。

活动 3：制订下一周的学习计划，调整计划执行检查表。

活动 4： 反思整个计划的制订与执行过程中，你用到了哪些 Office 技能？遇到了什么困难？学到了哪些新技能？有从同学或老师那里学到的吗？

项目二　社会实践之垃圾分类调查

项目描述

大学生社会实践是在校大学生利用课余时间步入社会提高个人能力，触发创作灵感，完成课题研究，发挥自己的聪明才智以求和社会有更多的接触，对社会作出贡献的活动。用在大学学习到的知识进行社会实践活动是每个大学生的必修课程。

根据学校的要求，我们需要在一周内完成一次社会实践活动：垃圾分类调查。

学习目标

1. 通过调查，发现值得和能够解决的技术问题。
2. 根据调查对象和现有条件确定具体的调查要求。
3. 选择合适的信息渠道搜集所需的信息。
4. 制订符合要求的调查方案并进行优化。
5. 选择合适的调查方案，进行简单的问卷设计。
6. 编写简单的调查活动说明。
7. 对自己的调查结果进行简单的分析，对自己的问卷设计能力进行自我评价。
8. 通过社会实践调查项目的实施与报告，巩固与提高 Office 技能的掌握与使用。

任务一 获取信息

任务目标

通过参观和资料搜集，了解你所在城市或社区对垃圾是如何处理的，以及是如何实施垃圾分类的。

任务描述

目前，全国都在有序开展垃圾分类工作，同学们观看了介绍垃圾分类的视频，参观了社区、景区等场所的垃圾分类的宣传和实施，在工作页上记录体会。3 ~ 5 人为一个小组，根据视频和参观记录制作一个垃圾分类校园行动的倡议书，经老师评估修改后可以在学院钉钉平台和团委微信公众号上展示传播。

任务要求

1. 成立学习小组。
2. 搜集垃圾分类相关信息。
3. 完成垃圾分类校园行动的倡议书。

课前准备

1. 资料：垃圾分类的宣传资料；垃圾分类校园行动的倡议书的网络链接、视频等；提醒学生携带笔记本电脑。

2. 场地准备：一体化教室（有网络接口、供小组使用的电源接口、白板）。

3. 配套教材：《计算机基础和 Office 高级应用（第 2 版）》（周少卿，等．北京理工大学出版社，2019）。

教师活动

第一，引导学生组建小组。可采用小活动实施分组，如“一元五毛”活动。分组后指定或引导学生以青山、绿水、金山、银山等作为小组名称。

第二，引导学生观察家庭中生活垃圾该如何分类，以及分类投放后的垃圾是否被按照要求进行处理。

第三，引导学生思考自己家里的垃圾桶是否满足垃圾分类要求、可以如何设置。一星期后，再次讨论这些设置的可行性并提出改进方案。

第四，学生展示倡议书和家庭垃圾桶设置方案，小结汇报，小组互相点评并记录，随时观察小组之间的点评行为。

活动 1：参与活动，完成分组，组员在专业上进行搭配，选好组长，书面报指导老师审查批准。经批准后获得小组称号，并固定组员。将小组信息填在表 2–1 中。

表 2–1　小组信息

<table>
<tr><td colspan="2">小组名称</td><td>小组人数</td><td>组长</td></tr>
<tr><td colspan="4">组员信息</td></tr>
<tr><td>姓名</td><td>性别</td><td colspan="2">专业</td></tr>
<tr><td></td><td></td><td colspan="2"></td></tr>
<tr><td></td><td></td><td colspan="2"></td></tr>
<tr><td></td><td></td><td colspan="2"></td></tr>
<tr><td></td><td></td><td colspan="2"></td></tr>
<tr><td></td><td></td><td colspan="2"></td></tr>
</table>

活动 2：通过观看视频和实地参观，了解垃圾分类的历史、意义、作用，小组分工完成资料搜集、垃圾分类倡议书的编写。贴出垃圾分类倡议书或宣传海报。

活动 3：组长带领小组成员完成本组的垃圾分类倡议书并提交给教师。

活动 4： 小组成员讨论各自家庭中垃圾分类实施的问题和改善建议，并填在表 2–2 中。

表 2–2　小组成员家庭中垃圾分类实施的问题和建议

小组成员家庭中垃圾分类实施的问题	建议

活动 5：各小组将制作好的倡议书和家庭垃圾分类改善建议展示给其他学生，并思路清晰地讲述。

活动 6：小结与评价。制作一个简单的小组互评评分表，完成小组间的互评。

引导问题：如何才能更好地展示？展示过程中有哪些地方需要改善？PPT 报告的图文混排有哪些要求？讲解过程中需要注意哪些问题？PPT 的排练演示该如何使用？贴出各小组的互评评分表。

任务二　明确问题——有关垃圾分类的问题

任务目标

对你的学校的垃圾分类情况进行初步观察。

任务描述

对学校的垃圾分类现状进行初步观察，为后续调查做准备。

任务要求

1. 小组分工：按照学习区、生活区等进行观察和信息采集。
2. 收集垃圾分类现状信息。

课前准备

1. 资料：学校关于垃圾分类的宣传活动的记录和数据；学校各种垃圾处理方式的资料；提醒学生携带笔记本电脑。

2. 场地准备：一体化教室（有网络接口、供小组使用的电源接口、白板）。

教师活动

第一，引导学生观察校园的生活垃圾是如何分类的，以及分类投放后的垃圾情况。

第二，引导学生思考校园的垃圾桶是否满足垃圾分类要求。

第三，引导学生展示收集到的校园垃圾分类的现状信息，对学校提出如何利用现有条件进行垃圾分类的建议。

活动 1：组长根据校园区域进行分工，完成分工表填写，如表 2–3 所示。

表 2–3　任务分工表

小组名称		组长
姓名	观察区域	观察时间

活动 2：将观察到的结果填入表 2–4 中。

表 2–4　垃圾分类观察记录表

观察内容	垃圾种类	
	处理方式	
	垃圾种类	
	处理方式	
	垃圾种类	
	处理方式	

活动 3： 将小组观察到的结果整理后，汇总有用的信息填入新的表格中，表格的样式完全由自己设计确定，表格中的内容将是后面制作调查问卷方案的基础。

活动 4：针对校园垃圾的收集与处置情况，对清洁工、环卫管理人员进行一次访谈，将调查所获得的信息填入表 2–5 中。

表 2–5　访谈记录

访谈对象：	访谈时间：
访谈内容	
问题	回答
校园目前主要有哪些垃圾？这些垃圾是如何处理的？	
被访者对同学们的垃圾分类行为有哪些意见或建议？	
（其他问题自拟）	

活动 5：将调查所获得的信息制作成一个能够全面反映情况的表格。

活动 6：汇总各组观察和访谈信息，经讨论后形成全班的观察和访谈信息表，小组互评观察和访谈结果，设计并填写评价表。

任务三　设计师生调查问卷

任务目标

设计一个面向高职师生的垃圾分类调查问卷。

任务描述

为充分了解师生对垃圾分类的认识与行动，设计一个调查问卷。

任务要求

1. 采用头脑风暴法，交流大家的设计思想，设想接近的同学组成小组，每个小组制订一个共同的设计计划，记录和展示小组成员经讨论统一后的设计思路。

2. 写出可行的调查问卷和实施方案。

课前准备

1. 资料：调查问卷资料；提醒学生携带笔记本电脑。

2. 场地准备：一体化教室（有网络接口、供小组使用的电源接口、白板）。

教师活动

第一，头脑风暴的组织与实施。

第二，引导学生思考调查问卷的主旨，以及如果调查角色不同，问卷是否需要区别开。

活动 1：采用头脑风暴法，交流大家的调查问卷设计思想。由设想接近的同学组成一个设计小组，每小组制订一个共同的问卷和调查实施方案，记录和展示小组成员经过讨论统一后的设计问卷和方案。

活动 2： 小组成员通过讨论确定本组设计调查问卷的主旨和各项内容，写出简单的问卷说明。

活动3：写出可行的调查实施方案，如问卷的制作、投放和搜集的方式，经费来源等。

活动 4：各小组展示问卷和方案，小组间互评，教师评审，讨论后修改。

引导问题：此次展示，自己有了哪些改善？还有哪些方面需要继续提高？

任务四 垃圾分类问卷调查

任务目标

根据调查方案和问卷实施校园内垃圾分类问卷调查。

任务描述

采用合适的方式完成校内师生的问卷发放和数据搜集。

任务要求

1. 完成问卷的发放和结果搜集。
2. 将分析结果形成书面报告。

课前准备

1. 资料：相关部门工作人员的联系方式。

2. 场地准备：一体化教室（有网络接口、供小组使用的电源接口、白板）。

教师活动

第一，引导调查时应该多交流，并指导交流方式。

第二，引导学生思考问卷结果的汇总方式。

活动 1：根据调查方案，联系相关部门完成问卷调查，将结果填入表 2–6。

表 2–6　调查问卷统计

调查小组	
调查时间	
问卷发放数量	
问卷回收数量	
丢失数量	
被拒绝数量	
被拒绝原因	
（其他自拟）	

活动 2：完成本组的问卷调查结果汇总，并将结果填写到自制的表格中。

活动 3： 小组完成调查报告的撰写并提交老师批阅，修改完成后提交教师确认。

活动 4：小组展示调查报告，组间互评讨论后，修改并提交到学院环卫管理部门。

任务五　反思和改善

任务目标

小组成员能通过反思与改善活动，完成组内评价、学习总结和调查问卷的改善报告。

任务描述：

调查任务完成后，按照要求召开工作总结会，对整个过程进行评价，对以后的工作提出优化建议（改善提案）。

任务要求

1. 对小组其他成员在这个项目中的成长表现（包括出勤率、创新意识、团结合作、Office 关键能力等方面）进行客观的互相评价，并填入一个新的表格中，表格的格式自己设计确定。

2. 总结自己在团队合作中的积极性、主动性、团队协作精神主要表现在哪些方面，以及还有哪些方面需加强。

3. 小组讨论在该项目中学到和用到哪些 Office 知识或技能，并推荐一名组员在会议上讲解，小组互评，总结学习效果。

4. 根据各小组工作中的成功经验，制订问卷调查的改善提案。

5. 通过调查学习，对家庭垃圾分类设置方案进行改善。

课前准备

1. 资料：汇报演讲、工作反思和总结相关的资料。

2. 提醒学生携带笔记本电脑。

3. 配套教材：《计算机基础和 Office 高级应用（第 2 版）》（周少卿，等 . 北京理工大学出版社，2019）。

知识连接

总结及汇报是对工作任务进行的一次全面、系统的检查、评价与分析。对工作过程及结果进行交流，针对经验与不足之处，不同组可以多种形式进行汇报，对工作过程进行总结和反思，并提出改进建议。

对整个工作过程制作工作记录表，包含任务的分配、任务负责人、完成过程、改善方案等。每个小组成员都应该进行反思，撰写一份总结报告，报告内容须体现自己在项目组中主要负责的任务、完成情况、遇到的问题及难点、如何解决，以及对课程提出的具有建设性的意见或建议或针对工作页提出的更适合的引导问题等方面。

小组对个人总结进行汇总，形成统一报告。

教师活动

第一，参与学生小组讨论，发现并提示学生反思要点。

第二，督促每位学生完成反思总结和改善意见。

第三，组织小组汇报小结，对每组的工作和学习情况进行考评，根据各个工作过程评定每位学生的成绩。

第四，教师点评学生设计的评价表，提供意见供学生参考。

活动 1：组织小组成员对学习表现进行互评，互评标准可参照现有标准讨论修改。总结团队工作，包括每个成员的学习表现哪些需要保持，还有哪些需要加强。

活动 2： 小组成员合作完成工作总结报告，推选评议小组对宣讲进行评分，推选小组成员完成宣讲，小组共同讨论总结，并完成问卷调查改善方案的制订。

活动 3： 小组内部讨论在本项目学习活动中学到了哪些 Office 技能，遇到了什么困难，以及是如何解决的。

小组成员在交流中提到的困难，有没有是你已经掌握的 Office 技能？如果有，你愿意帮助他吗？或者你的困难是否需要同学帮忙完成？记录下学习交流情况。

项目三　制作历史人物求职简历

项目描述

中华五千年文明史，数不尽风流人物。请想象一位历史人物（如祖冲之）来到现代，通过对人物资料的搜集整理，分析人物性格和能力特征，结合现代企业文化和行业特点，完成历史人物在现代的求职报告。

请根据对人物的理解确定应聘职位和应聘公司。个人报告时间为 5 ~ 8 分钟。搜集的资料请编制成册，以供查阅。经过教师修改并认可后，优秀的作品将在校内展示。

学习目标

1. 搜集相关资料，能够使用工具浏览互联网、保存网上资源。

2. 小组合作完成工作计划，使用 Excel 完成工作计划表的制作。

3. 将搜集到的信息进行排版整理成册，能够使用大纲和样式完成长篇文档修订。

4. 能够掌握 PPT 的制作要点，制作一份人物介绍 PPT，并完成汇报演讲。

5. 通过理解人物特点和性格，完成个人求职简历的制作（求职岗位和应聘公司在人物理解的基础上发挥想象）。

6. 通过演讲展示，再现人物精神。

任务一　获取信息

任务目标

通过参观博物馆和搜集资料，了解祖冲之的历史事迹、个人成就及人物特点，能够有效利用不同的方法完成信息检索。

任务描述

3月14日为圆周率日，同学们观看了介绍祖冲之的视频，在老师的带领下参观了亭林公园祖冲之石像，在工作页上记录观看视频和参观石像的体会。5人一个小组，根据视频和参观经历制作一个简单的圆周率科普海报，经老师评估修改后，可以在学院橱窗展示。

任务要求

1. 成立学习小组（专业搭配、男女搭配）。
2. 搜集祖冲之的相关信息。
3. 将资料整理成册。

课前准备

1. 资料：祖冲之和圆周率及个人求职的相关书籍；祖冲之、圆周率、个人简历的制作、求职面试视频的网络链接；提醒学生携带笔记本电脑。

2. 场地准备：一体化教室（有网络接口、供小组使用的电源接口、白板）。

教师活动

第一，引导学生组建小组。第一次分组，考虑到学生刚到新环境，需要时间适应，可采取自愿分组的方式，组员人数也可以自行确定，老师可以建议他们按专业、性别搭配。分组时，还要考虑每组要有一台笔记本电脑。

第二，引导学生思考求职时个人简历的作用、用与不用有什么区别，培养学生利用关键词检索信息的能力。

第三，使学生认识到，要想成功求职，就必须要分析个人特质和企业需求。

第四，学生展示资料，作小结汇报时，老师要逐一点评并记录，随时观察后面小组的行为。

活动 1：为了高效、高质量地完成本任务，允许组建自己的项目小组，请采用自愿的方式组成工作小组。组员在专业上进行搭配，选好组长，书面报指导老师备案，并固定组员。将小组信息填在表 3–1 中。

表 3–1　小组信息收集

<table>
<tr><td colspan="2">小组名称</td><td>小组人数</td><td>组长</td></tr>
<tr><td colspan="4">组员信息</td></tr>
<tr><td>姓名</td><td>性别</td><td colspan="2">专业</td></tr>
<tr><td></td><td></td><td colspan="2"></td></tr>
<tr><td></td><td></td><td colspan="2"></td></tr>
<tr><td></td><td></td><td colspan="2"></td></tr>
<tr><td></td><td></td><td colspan="2"></td></tr>
<tr><td></td><td></td><td colspan="2"></td></tr>
</table>

活动 2：通过观看视频和参观石像，了解祖冲之对数学特别是圆周率的贡献，了解圆周率的作用，小组需要搜集圆周率、祖冲之的生平事迹和贡献等资料。

活动 3：将资料进行汇总。拟定一份思维导图，以确定小组需要查找的内容及组员分工。资料汇总由组长负责，将所有资料汇总到一个 Word 文档中，并将思维导图附在其后。将工作任务分配情况填在表 3–2 中。

表 3–2　工作任务分配

姓名	任务

活动 4：组长带领小组成员制作祖冲之人物和圆周率资料册，文档格式参照教材格式。

引导问题：教材有哪些要素？教材排版需要使用哪些 Office 知识？

你是否掌握了长篇文档的编排技能？是否掌握样式的使用和大纲视图的操作？

活动 5：组长带领小组成员学习并完成科普海报制作。

引导问题：海报排版过程中用到了哪些 Office 技能？从同学身上学到了哪些技能？有哪些技能是从网络学习到的？

活动 6：各小组将制作好的科普海报展示给其他组，并思路清晰地进行讲述。

引导问题：讲述时，编写提纲是否有必要？该如何提高编写质量？PPT 演示文稿和 Word 文档的区别与联系有哪些？

任务二　制订计划

任务目标

小组成员能通过网络、书籍等查阅资料，制订行文规范、步骤合理的工作计划。

任务描述

和文史研究人员交流，并了解祖冲之的资料。结合网络信息分析祖冲之可能求职的岗位，制订分工计划，并完成工作计划汇报。

任务要求

1. 通过海报制作参与情况掌握成员的 Office 操作能力，组织成员交流学习。

2. 能根据各成员的性格和能力特点进行分工安排，制订计划。

3. 分组进行计划汇报展示（PPT）。

课前准备

1. 资料准备：工作计划的基本要素和编制工作计划的基础知识；行业、岗位的知识；PDCA 流程。

2. 场地准备：一体化教室（有网络信号、一组有一个插排）。

教师活动

第一，对学生进行安全教育，培养学生的安全用电意识。

第二，引导学生看懂工作计划。

第三，引导学生养成记录的习惯。

第四，学生在进行工作活动时，教师要注意观察每组的动态，及时发现问题并提示学生解决问题。

第五，学生有问题时教师不一定立即给出答案，最好让学生思考，自己寻找解决的方法，教师可以给出提示。

活动1：组长分析海报制作参与情况，每组总结各成员的Office能力，相互交流学习，将学习情况记录在表3-3中（表格样式可修改）。

表3-3　学习记录表

记录人			记录日期	
序号	学习内容	难易度	掌握情况	备注
组长：		稽核：		复核：

活动2：根据资料撰写求职简历的一般步骤。

活动 3：通过性格分析及网络，搜集与求职简历相关的信息，完成祖冲之可能求职的公司和岗位，记录在表 3–4 中（表格样式可修改）。

表 3–4　祖冲之求职岗位分析

岗位	公司	分析

活动 4：以小组为单位，讨论、查阅相关资料，分析祖冲之人物事迹，写出求职岗业和人物之间的关系。

活动 5：在网络上查找工作计划的制订流程（参照 PDCA 流程），并制订小组的工作计划（表格项可在单独的 A4 纸上填写，并根据需要自行增减），在之后的工作过程中，按照制订的工作计划填写在如表 3–5 所示的工作计划表中。

表 3–5　工作计划表

序号	阶段	工作内容	负责人	完成时间

活动 6：请各小组讨论，预测在后期进行求职和个人汇报时可能出现的问题和对策。

活动 7：请各小组对本阶段的内容进行汇总并以 PPT 形式汇报，列出 PPT 提纲。

任务三　制作求职简历和个人汇报方案

任务目标

1. 按照求职面试要求，完成求职简历的制作。
2. 完成汇报演讲方案的制作。
3. 完成求职面试。
4. 按要求填写学习记录表。

任务描述

假设历史名人祖冲之来到你们小组了，请协助他完成个人简历制作，让其参加求职面试，制作个人汇报演讲的方案。

任务要求

1. 各小组讨论求职和汇报演讲方案。
2. 各小组制作求职简历和汇报演讲 PPT。
3. 填写工作记录单。
4. 采用多种形式进行求职面试。
5. 评价其他组求职简历和人物汇报演讲方案。
6. 优化求职简历和汇报演讲方案。

课前准备

1. 资料：汇报演讲资料；求职面试资料。

2. 场地设备：一体化教室（网络、电源）。

教师活动

第一，检查学生交流、学习情况。

第二，观察学生的动态，及时发现问题并解决问题。

第三，记录学生工作的瞬间。

第四，组织小组汇报小结。此次汇报中，教师不点评，采用组间互评的形式，教师做好记录和总结。

活动 1：以小组为单位，查阅相关资料，分析、讨论求职面试和演讲汇报的要求。

面试的要求：

演讲汇报的要求：

活动 2：以小组为单位，设计求职简历，制作人物汇报演讲方案，并填写工作记录。

活动 3：展示每个小组的求职面试。

活动 4： 小组间互评。老师点评分析典型案例。

活动 5： 修改和确定汇报方案。

任务四　实施个人汇报

任务目标

1. 能依据个人汇报演讲方案完成个人汇报演讲。
2. 能够解决汇报过程中出现的问题。
3. 能依据汇报过程中的问题总结和改善汇报方案。

任务描述

请你代表历史人物祖冲之完成个人汇报演讲。

任务要求

1. 根据汇报方案完成汇报。
2. 解决汇报过程中出现的异常。
3. 对汇报过程进行总结和改善。

课前准备

场地设备：投影设备。

教师活动

第一，协助学生完成汇报活动。

第二，组织小组汇报小结。此次汇报中，教师不点评，采用组间互评的形式，教师作好记录和总结。

活动 1：以小组为单位，完成汇报演讲，记录汇报过程。

活动 2：各小组对汇报进行评价和交流。

活动 3：记录汇报遇到的问题和解决方法。

活动 4：请各小组完成汇报演讲评分表的设计与填写。

活动 5：请各小组对汇报演讲过程中的异常进行改善和小结。

任务五　反思和改善

任务目标

1. 能够制订学习评价标准并获得通过。
2. 能够对工作过程进行反思、总结。
3. 能够对 Office 学习提出改善意见。

任务描述

为了更好地提高学习效率，在任务结束后，按照要求召开工作总结会，对整个过程进行评价，对以后的工作提出优化建议（改善提案）。

任务描述

为了更好地反思学习过程，在情境任务结束后，按照要求召开工作总结会对整个过程进行评价，对以后的 Office 学习提出建议（改善提案）。

任务要求

1. 对小组其他成员在这个项目中的成长表现（包括出勤率、创新意识、团结合作、Office 关键能力等方面）做一个客观的评价，并制作评价表。

2. 总结自己在团队合作中的积极性、主动性、团队协作精神主要表现在哪些方面，以及还有哪些需要加强。

3. 小组讨论在该项目中学到和用到哪些 Office 知识或技能，并推荐一名组员在会议上宣讲，小组互评，总结学习效果。

4. 根据各小组工作过程的成功经验，分析制订 Office 学习改善方案。

课前准备

1. 资料：汇报演讲、工作反思和总结相关的资料。
2. 提醒学生携带笔记本电脑。

提示内容

表 3–6 为学习表现评价表参考，需要分组完成评价表设计，评价标准和分值需要经过成员认可才可实施。

表 3–6 学习表现评价表参考

评价项目	评价内容	分值	自评	稽核评分	组长评分	得分
出勤	迟到	5				
	早退	5				
	旷课	5				

教师活动

第一，参与小组讨论，发现并提示学生反思的要点。

第二，提示学生用整体框架的思维完成工作。

第三，督促每位学生完成反思总结和改善意见。

第四，组织小组汇报小结，对每组的工作和学习情况进行考评，根据各个工作过程评定每位学生的成绩。

第五，教师初步设计评价表，供学生参考。

活动 1：组织小组成员对各自的学习表现进行互评，互评标准可参照现有标准讨论修改。总结团队工作，包括成员学习表现哪些需要保持，还有哪些需要加强。

活动 2：小组成员合作完成工作总结，推选评议小组对宣讲进行评分，推选小组成员完成宣讲，小组共同讨论总结，并完成 Office 学习改善方案的制订。

项目四　筹办运动会

项目描述

假设学院准备于 11 月举办“与你同行”运动会，预计共有学生 300 余人。你作为学生会体育部部长，需要组建筹备小组为本次运动会设计海报和邀请函、统计报名人数以及制作报名表、秩序册、预算表等。

本次运动会参赛项目和往年参赛项目相同，具体为男子 100 米赛跑、200 米赛跑、400 米赛跑、1 500 米赛跑、4×100 米接力赛、跳远、跳高、铅球；女子 100 米赛跑、200 米赛跑、400 米赛跑、1 500 米赛跑、4×100 米接力赛、跳远、跳高、铅球。

请你在 10 月 20 日前将相关筹备工作汇报给学院体育委员会审核，按照审核意见进行修改。筹备过程请予以拍照记录，运动会开幕式将制作相关短片展示筹备的各项工作过程。

运动会后，将对本次筹办工作予以总结。

学习目标

学习本项目后，能够胜任需要团队协作完成的工作，根据要求组建团队、分配任务；能够设计和制作统计表格与处理数据、制作电子相册、撰写通知、使用常用软件设计海报和邀请函、对长篇文档进行编辑和排版，具体目标如下。

1. 通过信息检索，能够使用工具检索有效信息、浏览互联网、保存网上资源等。

2. 通过 6W3H 法制作筹备计划表，培养合理规划时间、统筹进展的能力。

3. 通过编制预算，培养节约成本、合理利用经费的能力。

4. 能够使用 Word 或 PPT 制作简易的海报，培养制作海报的能力。

5. 能够使用 Excel 制作简单的统计表格。

6. 能够使用 Excel 完成数据录入、数据整理。

7. 能够编辑一份完整的秩序册，培养长篇文档的编辑和排版能力。

8. 能够使用 Word 制作简单的邀请函，掌握邀请函的格式、用词，并使用邮件合并功能快速批量制作邀请函。

9. 能够使用 PPT 制作电子相册。

10. 能够总结运用的操作步骤并编制手册。

11. 通过开展组会，与组员交流总结、安排任务、强调安全规范等，培养沟通协调、团队合作能力。

12. 通过审核成果和提出改善意见，培养沟通与表达、组织与协调能力，形成改善意识。

13. 能够掌握汇报 PPT 的制作要点，制作一份总结 PPT，并完成汇报演讲。

任务一 获取信息

任务目标

通过检索“运动会筹办”“6W3H”“预算编制”等，掌握资料搜集的方法，准备运动会筹办需要的资料和制作任务清单，了解 6W3H 法并制作计划表，了解预算编制的要点并能够编制预算表，能够有效检索并保存网站在线资源库中的文档。

任务描述

学院将于 11 月举行运动会，你是学生会体育部部长，本次运动会筹办将由你们部门完成。你需要组建一个筹备小组，请先搜集关于运动会的材料，根据检索到的资料制作任务清单。

由于任务多、时间紧，你需要组建一个团队完成此任务，团队人数4 ~ 5人。组建完成后，需要先制订一个计划表和预算表交由大会委员会审核。审核通过后，大会委员会根据预算划拨资金。

任务要求

1. 成立筹备小组。
2. 搜集有关运动会筹备的信息。
3. 搜集 6W3H 法以及预算编制原则的相关资料。
4. 总结与反思。

教师活动

第一，引导学生组建小组。第一次分组，考虑到学生刚到新环境，需要时间适应，可采取自愿分组的方式，组员人数也可以自行确定，老师可以建议学生按专业、性别搭配。分组时，还要考虑每组要有一台笔记本电脑。

第二，播放北京奥运会筹办相关视频，让学生了解筹办一个运动会前期需要准备的事项和考虑的因素。

第三，学生展示资料、作小结汇报时，老师要逐一点评并记录，并观察后面小组的行为。

第四，学习过程。学习过程以小组为单位进行，每个小组有组长一名，每组4人。学习过程如表4–1所示，其中，行动阶段一“获取信息”中人员组织和任务分配两项任务由组长一人完成，其余行动皆由小组合作完成。

活动1：为了高效、高质量地完成本任务，请采用自愿的方式组成工作小组。组员在专业上进行搭配，选好组长，书面报指导老师审查批准。批准后给小组编号，并固定组员。小组信息填在表4–2中。

表 4-1　学习过程

行动阶段	行动阶段简述	学习成果	参考学时
行动阶段一：获取信息	课程概述与总体工作任务描述，了解需要制作哪些文档	信息搜集汇总表、6W3H 工作法和预算编制相关资料	2
	组建工作团队		
	信息搜集汇总表		
	检索 6W3H 工作法和预算编制信息		
行动阶段二：制订计划编制预算	制定运动会筹办任务清单	任务清单、工作计划、岗位职责、预算	4
	制订小组工作计划和岗位职责		
	编制预算		
行动阶段二：海报设计和通知撰写	收集运动会海报和通知撰写相关材料	运动会海报、运动会通知	4
	海报设计		
	通知撰写		
行动阶段三：设计报名表和统计报名人数	设计报名表	运动会报名表、运动会报名汇总表、各班级参赛号码表、各赛项分组表	6
	数据录入和处理		
	总结与改善		
行动阶段四：秩序册制作	学习纸质秩序册	运动会秩序册	8
	学习重难点操作		
	秩序册制作（长篇文档制作）		
	总结与改善		
行动阶段五：邀请函制作	收集邀请函信息	邀请函	3
	学习邀请函制作操作		
	设计邀请函		
行动阶段六：电子相册制作	观赏短视频 APP 电子相册视频	电子相册	6
	学习使用 PPT 制作电子相册		
	电子相册制作		
行动阶段七：总结与改善	小组互评	评分表、总结汇报、效率手册	4
	工作总结		
	编制效率手册		
合计			37

表 4–2　小组信息

<table>
<tr><td colspan="2">小组名称</td><td>小组人数</td><td>组长</td></tr>
<tr><td colspan="4">组员信息</td></tr>
<tr><td>姓名</td><td>性别</td><td colspan="2">专业</td></tr>
<tr><td></td><td></td><td colspan="2"></td></tr>
<tr><td></td><td></td><td colspan="2"></td></tr>
<tr><td></td><td></td><td colspan="2"></td></tr>
<tr><td></td><td></td><td colspan="2"></td></tr>
<tr><td></td><td></td><td colspan="2"></td></tr>
</table>

活动 2：了解筹办运动会需要的材料，小组搜集相关信息，内容是运动会筹办工作方案，了解运动会筹办需要哪些材料，并将认为可以供小组后续参考的资料下载保存。所有资料的汇总由组长完成，统一汇总到一个 Word 文档中。

活动 3： 根据各个小组检索到的信息，分析采用不用浏览器、关键词检索信息的区别，总结有效检索信息的方法、在保存信息时遇到的问题，以及小组是如何将信息保存下来的。

任务二　制 订 计 划

任务目标

能够根据搜集到的资料合理地分配任务和编制预算。

任务描述

根据检索到的资料，组长合理给组员分配任务，并根据大赛时间节点明确任务完成时间和岗位职责。根据预算的编制要求编制本次运动会预算，并交由体育委员会审议，根据体育委员会要求修改预算形成决算。

任务要求

1. 组长带领小组成员制作任务清单。
2. 拟定岗位职责和制作工作计划表。
3. 编制预算。
4. 根据审核意见修改计划表和预算。
5. 总结和反思。

课前准备

1. 资料准备：工作计划的基本要素和编制工作计划的基础知识；预算的基本要素和编制预算的要点；预算、决算的流程；PDCA 流程；

2. 场地准备：一体化教室（有网络信号、一组有一个插排）。

教师活动

第一，引导学生看懂工作计划。

第二，引导学生看懂预算编制。

第三，引导学生养成记录的习惯。

第四，学生在进行工作活动时教师要注意观察每组的动态，及时发现问题并提示学生解决问题。

第五，学生有问题时教师不一定立即给出答案，最好让学生思考，自己寻找解决的方法，教师可以给出提示。

活动 1： 根据搜集到的信息制作任务清单，并将任务清单上的任务分配给团队成员。任务分配完成后，请根据 6W3H 法制订工作任务分配表，需要有任务完成时间和每个人具体的职责，如表 4–3 所示。

表 4–3　工作任务分配表

姓名	任务	完成时间

活动 2： 请根据检索到的预算编制原则为本次运动会编制预算，并提交委员会审核。预算编制请使用学院财务处统一模板，如表 4–4 所示。

表 4–4　预算申请表

申请部门		申请时间	
项目	预算费用	明细	总计
总计：			

活动 3：请根据委员会的审核意见修改预算表和任务分配表，并同小组成员交流和探讨制作任务分配表应遵循的 6W3H 法则是什么，生活中还有哪些方面会运用该法则，以及编制预算应遵循哪些原则，并尝试编制个人本月生活预算。

任务三 海报设计和通知撰写

任务目标

使用 Office 办公软件制作海报及撰写运动会通知。

任务描述

任务分配表和预算表已经通过审核，由于本次运动会预算有限，原本交由广告公司设计海报的设计经费被砍，你们只能自行设计海报，印刷还可由广告公司负责。制作完成的海报将在学校范围内进行展示。

同时需要撰写运动会通知告知同学。

任务要求

1. 检索制作运动会海报和写作通知所需的相关资料。
2. 使用 Office 软件设计海报。
3. 撰写通知。
4. 总结与改善。

课前准备

1. 资料准备：近几届奥运会、亚运会、残奥会、全运会、马拉松比赛等大型体育赛事的海报；学院近期发布的通知。

2. 场地准备：一体化教室（有网络信号、一组有一个插排）。

教师活动

第一，引导学生组建小组。可采取自愿分组的方式，组员人数可以自行确定。分组时还要考虑每组要有一台笔记本电脑。

第二，引导学生思考运动会举办的意义，可结合奥运会的资料进行分析。

第三，学生展示资料，进行总结汇报，小组间互评并记录，观察小组间的评价状态。

活动 1： 展示近几届奥运会、亚运会、残奥会、全运会、马拉松比赛等大型体育赛事的海报，每个小组评选出最佳海报并说明理由。列出运动会海报的三个特点。

活动 2：用 Office 办公软件设计一份海报并展示，在全班内评选最佳海报。

活动3：展示学院近期发布的通知，总结通知的格式、措辞等，列出通知撰写的要点并草拟一份运动会通知。

任务四 设计报名表和统计报名人数

任务目标

掌握简单统计表格的设计方法和要点及数据录入、编辑。

任务描述

运动会通知发布以后，同学们参与热情高，需要你们小组在一周之内制作报名表并以班级为单位统计报名人数，编制参赛号码以及按照赛项划分小组。

任务要求

1. 设计简单的统计表格。
2. 数据录入、整理。
3. 总结与反思。

教师活动

第一，引导学生了解海报设计的知识和技能。

第二，引导学生学习设计软件。

第三，引导学生展示海报设计。

第四，在设计活动时教师要注意观察每组的动态，及时发现问题并提示学生解决问题。

活动 1：请根据运动会赛项设置，制作参赛报名表，需要有参赛同学班级、姓名、学号、参赛项目，要求每人最多报四项，每个班级每项只能一个人参加。请各个小组展示设计的报名表。

活动 2：经过报名动员，共有 80 人报名参加本次运动会，请根据报名情况按班级分组并制作号码，根据分组填写表 4–5。

表 4–5　代表队名单（运动员号码对照表）

× 年级（ × ）班（1101—1120）

领队兼教练　　　　人数：

男子	1101	1102	1103	1104	1105	1106	1107	1108	1109	1110
女子	1111	1112	1113	1114	1115	1116	1117	1118	1119	1120

请组长统计本小组汇总报名所需的时间，思考设计表格时如何能让填写表格者填写的内容更加规范以及如何快速合并多个表。

活动 3：请根据报名数据统计出每个赛项报名的人数，并根据号码安排赛道（一共 6 条赛道）填写至表 4–6。

表 4–6　运动会竞赛分组表

赛项名称：　　　　比赛类别：　　　　小组数量：

<table>
<tr><td rowspan="2">第一组</td><td>一</td><td>二</td><td>三</td><td>四</td><td>五</td><td>六</td></tr>
<tr><td></td><td></td><td></td><td></td><td></td><td></td></tr>
<tr><td rowspan="2">第二组</td><td>一</td><td>二</td><td>三</td><td>四</td><td>五</td><td>六</td></tr>
<tr><td></td><td></td><td></td><td></td><td></td><td></td></tr>
</table>

请小组分享在统计各个赛项报名人数时用的方法及时间，交流提升数据汇总效率的方法。

活动 4： 请各小组归纳在汇总报名人数、编制号码、分组的时候遇到的问题，总结在设计统计表及数据统计处理的要点以及可以提高数据处理效率的方法。

任务五　制作秩序册

任务目标

掌握长篇文档的编辑排版方法，并总结操作要点。

任务描述

前期报名和人数统计工作完成后，需要制作本次运动会秩序册，包括运动会日程、赛项安排、竞赛规程、代表队名单、竞赛分组、运动会记录等内容。

由于电脑损坏，上一届的秩序册只留下了一本纸质的秩序册可供参考。运动会日程、赛项安排、竞赛规程、运动会记录请参考去年秩序册。

任务要求

1. 参考上一届的纸质秩序册，总结秩序册制作需要哪些操作及制作难点。
2. 学习制作难点的操作。
3. 学习长篇文档的编辑。
4. 总结与反思。

课前准备

1. 资料准备：纸质秩序册；长篇文档要点讲解；操作视频，利用超星平台在线课程资源。

2. 场地准备：一体化教室（有网络信号、一组有一个插排）。

教师活动

第一，引导学生思考哪些属于长篇文档、一篇完整的文档需要哪些元素、在操作方面存在哪些困难。

第二，学生在进行工作活动时，教师要注意观察每组的动态，及时发现问题并提示学生解决问题。

第三，学生有问题时教师不一定立即给出答案，最好让学生思考，自己寻找解决的方法，教师可以给出提示。

第四，学生展示、作小结汇报时，老师要逐一点评并记录，并观察后面小组的行为。

活动 1：浏览纸质秩序册，请说出制作秩序册需要进行哪些操作？你们小组在哪些部分存在困难？

活动 2：根据纸质版秩序册和今年报名、分组等情况编辑秩序册。

活动 3：各小组展示编辑好的秩序册，交流在编辑长篇文档时在哪些操作遇到了困难，以及是如何解决的。

任务六　制作邀请函

任务目标

能够使用 Word 设计邀请函，并使用邮件合并功能批量制作。

任务描述

本次运动会开幕式将邀请院领导参加，请将本次运动会的行程安排、具体时间和地点等制作成邀请函。

任务要求

1. 搜集邀请函相关信息，了解制作要点。
2. 学习邀请函制作。
3. 使用 Word 设计邀请函。
4. 学习邮件合并功能并批量制作邀请函。
5. 邀请函展示与小组互评。
6. 总结与反思。

课前准备

1. 资料准备：各类邀请函图片；邮件合并操作视频。
2. 场地准备：一体化教室（有网络信号、一组有一个插排）。

教师活动

第一，引导学生完成统计表设计。

第二，引导学生使用表单工具完成统计工作。

活动 1： 引导学生思考邀请函是什么、应当包括哪些内容。

浏览各类邀请函图片，小组内探讨邀请函的措辞、格式以及具体内容。

活动 2： 请根据展示的邀请函设计一份邀请函。

活动 3： 引导学生思考邮件合并是什么、有什么作用。

请根据表 4–7 的领导名单，使用邮件合并功能批量制作邀请函。

表 4–7　学院领导名单

序号	姓名	职务
1	王 ×	院长
2	王 ××	副院长
3	吕 ××	副院长
4	张 ×	系主任
5	李 ××	系副主任
6	陈 ×	系副主任
7	陆 ××	系副主任

活动 4： 各个小组展示自己设计的邀请函，在班级内评选最佳邀请函。

任务七 使用 PPT 制作电子相册

任务目标

能够给 PPT 添加动态效果，让 PPT 动起来。

任务描述

电子相册是一种流行的展示途径，可以图文并茂地讲述故事，大会委员会为了让所有同学知道幕后的故事，要求筹办小组记录筹办过程。由于会场设备支持 PPT 格式的软件，需要小组将拍摄的照片使用 PPT 制作成电子相册，并在开幕式上播放。

在筹备过程中，你们拍摄了不少照片，需要将这些照片背后的故事以 PPT 的形式展示出来。PPT 放映时长不超过 5 分钟。

任务要求

1. 观看电子相册制作短视频。
2. 总结电子相册制作要点。
3. 使用 PPT 制作电子相册。
4. 展示电子相册。
5. 小组互评。
6. 总结与反思。

课前准备

1. 资料准备：各个短视频网站上电子相册类的短视频；PPT 添加动

态效果的操作视频。

2. 场地准备：一体化教室（有网络信号、一组有一个插排）；投影设备。

教师活动

第一，检查学生交流、学习情况。

第二，观察学生的动态，及时发现问题并解决问题。

第三，记录学生工作的瞬间。

第四，组织小组汇报小结。此次汇报中，教师不点评，采用组间互评的形式，教师做好记录和总结。

活动1：引导学生回忆是否在短视频软件上看到过电子相册，常用的电子相册制作App有哪些。

请学习使用PPT制作电子相册的方法，并说出电子相册和汇报PPT的不同点。观赏完优秀作品后，请归纳出优秀作品的三个特点。

活动2：使用PPT制作电子相册。

活动 3：各小组展示制作的电子相册，设计评分表，小组间互评。

活动 4：教师分析典型案例，小组修改电子相册。

任务八 汇 报 总 结

任务目标

1. 总结在整个筹备过程中运用到的 Office 操作。

2. 总结整个筹备过程中小组的优缺点，总结可以提升效率的 Office 小技巧。

3. 将本次筹备活动学习到的 Office 操作制作成 PPT 并汇报。

4. 编制“提升 Office 办公效率手册”，录制操作视频。

任务描述

为了更好地提高活动筹办效率，在今年运动会结束后，按照大会委员会的要求，召开工作总结会，对整个筹办过程进行评价，对以后的活动筹办提出优化建议（改善提案）。

任务要求

1. 各小组总结在制作运动会资料时运用了哪些 Office 操作技能。

2. 各小组总结有哪些可以提升办公效率的 Office 操作技巧。

3. 对小组其他成员在这个任务中的表现（包括出勤率、创新意识、团结合作、关键能力等方面）做一个客观的互相评价。

4. 总结自己在团队合作中的积极性、主动性、团队协作精神的表现，以及还有需要加强的方面。

5. 小组合作完成“提升 Office 办公效率”总结报告，并推荐一名组员在会上宣讲，老师对整个过程予以总结。

6. 根据各小组工作过程的成功经验，提出活动筹办方案的优化建议。

课前准备

1. 资料准备：秋叶系列课程中 Office 三合一视频资源；《Office 效率手册：早做完，不加班》(周斌、陈锡卢、钱力明著，清华大学出版社，2017 年版)。录屏软件操作要点。

2. 场地准备：投影设备。

教师活动

第一，协助学生完成汇报活动。

第二，组织小组汇报小结。小组汇报中，教师不点评，采用组间互评的形式，教师做好记录和总结。

第三，引导学生将操作技巧录屏或者截屏编制成操作手册。

活动 1：以小组为单位，完成汇报演讲，记录小组汇报时介绍的相关提升效率的操作技巧。

活动 2： 各小组对汇报进行评价交流，设计汇报评分表、组长评价表和组员互评表，并完成评价。组长组织成员对组长表现进行评价，标准可参照现有标准讨论修改。组长总结团队工作，以及自己的表现有哪些需要保持，有哪些需要加强。

活动3：总结各小组汇报时介绍的提升效率的操作，通过录屏或截屏的方法编制手册，并辅以视频讲解。

项目五　实习工资统计表制作

项目描述

假设你是某科技公司的人事部实习生，主要负责员工入离职、薪酬计算工作。7 月 1 日，有一批应届生要来入职，同时，公司准备从其他部门抽调一些人手组成一个新的研发部门，请你为新员工办理入职手续，并发布新部门成立的通知。

7 月 10 日是公司的发薪日，需要将上个月的加班、请假情况汇总统计后计算工资，并公示上半年的年假使用情况。

学习目标

完成本工作页后，你将具备职场办公能力，能够独立处理 Excel 工作表，完成不同数据的录入、使用函数计算数值、绘制图表、分析数据、制作工作牌、打印工资条以及制作 SOP（标准作业程序）。

1. 能够完成不同类型数据的录入，掌握快速录入数据的方法。
2. 能够使用日期函数、求和函数等简单函数处理数据。
3. 能够使用逻辑函数、查询函数快速处理数据。
4. 能够根据数据绘制图表，增强数据可视化。
5. 能够使用邮件合并功能制作工作牌及打印工资条。
6. 能够使用邮箱发送通知，掌握邮件收发要点。
7. 能够制作简单明了的 SOP。

任务一　获 取 信 息

任务目标

能够根据信息制作工作清单，并依据时间节点制订工作计划，合理规划时间。

任务描述

人事主管告知你 7 月 1 日有一批应届生要来入职，需要你为他们办理入职手续，同时，公司准备将从其他部门抽调一些人手组成一个新的研发部门，该部门涉及保密工作，除劳动合同外你还需要准备保密协议。

制作一份入职准备材料清单，在员工入职前三天，发送给将要入职的员工。

计算薪酬以及公示年假使用情况。

工作任务多、时间紧，你需要提前规划好。

任务要求

1. 了解工作内容。
2. 制订任务清单，编制工作计划。

课前准备

1. 资料准备：各类电子表格；保密协议相关资料；邮件收发相关资料；提醒学生携带笔记本电脑。

2. 场地准备：一体化教室（有网络接口、供小组使用的电源接口、白板）。

3. 学习过程：如表 5–1 所示。

表 5–1　学习过程

行动阶段	行动阶段简述	学习成果	参考学时
行动阶段一：获取信息	课程概述与总体工作任务描述，了解需要进行哪些操作	任务清单、工作计划	4
	制作任务清单		
	编制工作计划		
行动阶段二：入职前准备	收集保密协议相关资料	保密协议、劳动合同、入职材料准备清单、邮件发送	4
	设置页面布局，根据不同需求打印文档		
	使用样式进行文档排版		
	入职准备材料清单制作		
	给新入职职工发送邮件		
行动阶段三：办理新员工入职	录入员工信息，掌握不同类型数据录入方法	员工信息表、组织架构图、公示邮件	4
	制作员工信息表		
	学习组织架构图相关内容		
	使用 SmartArt 绘制组织架构图		
	邮件发送公示		
行动阶段四：薪酬计算	薪酬计算	薪酬表、加班分析表、工资条	6
	加班时长数据统计及分析		
	图表绘制		
	工资条打印		
	检查与改善		
行动阶段五：年假公示	年假相关规定学习，学习计算方式	年假汇总表、公示邮件	4
	年假汇总统计		
	发送公示邮件		
	检查与改善		

续表

行动阶段	行动阶段简述	学习成果	参考学时
行动阶段六：编制 SOP 作业指导书	学习 SOP 编制相关知识	岗位作业指导书	4
	编制 SOP		
	总结与反思		
行动阶段七：工作考核与评价	学习工作汇报相关知识	评分表、转正汇报	6
	设计评分表		
	制作转正汇报 PPT		
行动阶段八：工作考核与评价	转正汇报	评分表、转正汇报	6
	总结与反思		
	工作总结		
	编制效率手册		
合计			32

教师活动

引导学生思考人事的工作内容具体有哪些，以及人事需要具备哪些办公技能。

活动 1：根据人事主管要求，了解需要完成的工作内容，提前熟悉各类表格。对于不熟悉的操作，搜索相关资料并学习。请根据描述的任务，列出完成工作可能困难的地方。

活动 2：制订任务清单，根据截止日期编制工作计划。

任务二 准 备 工 作

任务目标

1. 能够制作简单的统计表。
2. 能够使用邮箱发送带有附件的邮件并注意正确措辞。
3. 掌握使用样式批量修改格式的方法。
4. 文件打印。

任务描述

由于要处理的事情较多，研发部是保密部门，入职时除了签订劳动合同外还需要签订保密协议，请你提前准备好劳动合同和保密协议。

由于入职时需要提交很多材料，为方便新入职的应届生核对材料准备情况，请你再制作一份入职准备材料清单并通过邮件发送给他们。

任务要求

1. 搜集保密协议相关资料并制作本公司的保密协议，协议需添加水印。

2. 设置页面布局和打印设置，能够对不同的文档实现不同需求的打印。

3. 使用不同样式对文件进行排版。

4. 制作入职准备材料清单，使新入职员工能清楚知道需要准备的材料。

5. 以公司的名义向未入职的员工发送邮件，措辞体现公司关怀。

课前准备

1. 资料准备：保密协议的相关材料及文档；使用样式排版文档的相关视频；邮件收发的相关资料。

2. 场地准备：一体化教室（有网络接口、供小组使用的电源接口、白板、打印机）。

教师活动

第一，引导学生思考保密协议的概念及使用场合。

第二，引导学生思考有什么方法可以提升排版效率。

第三，列举不恰当的邮件收发情况，请学生说出邮件收发存在的问题，总结工作中邮件收发的要点。

活动 1：公司已有现成的劳动合同，请你将电子版打印出来，要求双面打印。

引导问题：打印过程中出现了什么问题？你是如何处理的？

活动 2：请你搜集保密协议的相关资料，并整理排版成保密协议。

讨论：由于时间较紧，你有什么批量修改格式的方法可以提升效率？

活动 3： 制作一张入职准备材料的清单，并通过邮件发送给新员工。公司新入职员工需提交的材料如下。

（1）学历证书原件及复印件一份。

（2）学位证书原件及复印件一份。

（3）各学历阶段的《教育部学历证书电子注册备案表》。

（4）身份证原件及复印件（正反面复印在一张纸上）。

（5）1 寸彩色照片 2 张。

（6）近三个月内的体检报告原件（二甲医院以上）。

（7）职业技能证书原件及复印件一份。

（8）报到证、户口迁移证原件。

（9）组织关系介绍信原件。

任务三 办理新员工入职

任务目标

1. 掌握录入不同类型数据的方法。
2. 掌握快速录入重复数据的方法，提升效率。
3. 能够使用邮件合并功能批量制作工作证。
4. 能够使用 SmartArt 功能绘制组织架构图。
5. 能够使用邮箱发送正式公告。

任务描述

今天有一批应届生来公司报道，请你根据他们填写的员工信息更新员工信息表，并给他们制作工作牌，同时将新成立的研发部的组织架构公示出来。

任务要求

1. 掌握不同数据类型及重复数据录入的方法。
2. 使用年龄函数计算年龄及工龄，使用 MID 函数提取数据。
3. 掌握邮件合并的操作并运用邮件合并功能批量制作工作证。
4. 学习绘制组织架构图的相关内容。
5. 了解 SmartArt 的功能并绘制组织架构图。
6. 能够使用邮箱发布正式公告。
7. 成果展示与评价。
8. 总结与反思。

课前准备

1. 资料准备：组织架构图相关知识；计算函数的使用；SmartArt 功能介绍；公告撰写的相关知识。

2. 场地准备：一体化教室（有网络接口、供小组使用的电源接口、白板）。

教师活动

第一，引导学生思考保密协议是什么？适用哪些场合？

第二，引导学生思考有什么方法可以提升排版效率？

第三，列举不恰当的邮件收发方式，请同学说出存在的问题，总结工作中邮件收发的要点。

活动 1： 按照公司规定，需要将新入职的员工信息录进员工信息表中。你需要将信息录入到 Excel 表格里，并使用年龄函数计算出员工年龄，便于了解员工年龄分布。

根据公司制度，员工的年假天数是根据工龄计算的，为便于后期计算年假天数，请你计算出员工的工龄。

公司在员工生日的当月会发放生日卡作为福利，为了便于统计当月生日的人数以及发放生日卡，请你使用函数提取出员工生日月份。

活动 2：为了增强公司竞争力，董事会决定从原来部门中抽调一些人手和这批应届生共同组成研发部门，名单已经确定，如表 5–2 所示。请你根据名单绘制研发部门的组织架构图并通过邮件发布公示。

表 5–2　研发部门名单

序号	姓名	职位
1	曹 ××	部门经理
2	王 ××	部门主管
3	王 ×	部门副主管
4	马 ××	职员
5	杨 ×	职员
6	孙 ×	职员
7	张 ×	职员
8	李 ××	职员
9	陶 ××	职员
10	唐 ×	职员
11	周 ××	职员
12	朱 ××	职员
13	吴 ×	职员

活动 3： 根据公司门禁制度，所有员工在进入公司时必须佩戴工作证。研发部门属于保密部门，设置的门禁只有研发部门员工能进出，请你根据工作证模板（见图 5–1）为新成立的研发部门员工制作工作证。

图 5–1　工作证模板

活动 4： 请你展示制作完成的组织架构图和工作证，与其他同学交流制作要点和技巧。

任务四 薪 酬 计 算

任务目标

1. 了解时间的计算，能够使用函数计算时间差。
2. 了解 WEEKDAY 函数，能够使用该函数快速计算星期。
3. 了解查询函数并能够使用该函数批量匹配数值。
4. 了解逻辑函数并能够使用该函数批量计算数值。
5. 能够运用单元格进行加、减、乘、除运算。
6. 能够运用求和、平均值、最值、排名函数对数据进行简单处理。
7. 了解图表的功能，能够插入合适类型的图表增强数据可视化。
8. 使用邮件合并功能批量打印工资条。

任务描述

7 月 10 日为公司发薪日，完成薪酬计算后财务请款和打款也需要一定流程，所以在 7 月 2 日前需要完成本月薪酬计算并交由主管审核。

工资组成为：基本工资 + 加班工资 + 岗位补贴 + 交通补贴 + 全勤奖 – 迟到扣款。

工资计算的补充说明如下。

1. 正常上班时间为 8 : 30 ～ 17 : 00，超过 18 : 00 下班的算加班，周六和周日上班也算加班，加班工资为 20 元 / 时。岗位等级、基本工资、岗位津贴依据职位级别发放，如表 5–3 所示。

2. 迟到扣款为每次 50 元，上不封顶。

3. 交通补贴为每人每月 300 元。

4. 全勤奖为每人每月 200 元。

表 5-3 基本工资、岗位津贴发放标准

序号	岗位等级	基本工资 /（元·月 $^{-1}$）	津贴发放标准 /（元·月 $^{-1}$）
1	一级	6 500	850
2	二级	5 600	760
3	三级	4 800	680
4	四级	4 300	610
5	实习	3 000	550

任务要求

1. 学习根据给定的两个时间点使用函数计算时长的方法。
2. 学习 WEEKDAY 函数并使用该函数计算加班费。
3. 学习逻辑函数、查询函数的使用场景及操作。
4. 使用 VLOOKUP 函数批量匹配数值。
5. 使用 IF 函数计算数值。
6. 使用单元格的加、减、乘、除、计算数值。
7. 批量录入重复数值。
8. 使用简单函数（SUM、AVERAGE、MAX 等）计算数值。
9. 了解图表的作用并学习绘制图表。
10. 使用邮件合并功能批量打印工资条。
11. 展示制作完成的薪酬表，由其他同学检查是否有错误。
12. 总结与反思。

课前准备

1. 资料准备：相关函数的操作视频；数据可视化的相关资料；制作工资条的相关资料。

2. 场地准备：一体化教室（有网络接口、供小组使用的电源接口、白板）；打印机；裁纸刀。

教师活动

第一，引导学生学习函数和公式的使用。

第二，引导学生思考组织架构图的绘制方法。

第三，反思学习过程中公式使用的问题和需要提升的技能要点。

活动 1： 引导学生思考在 Excel 表格中，时间是否可以用来计算，以及如何计算出两个时间点的差值，有什么方法可以快速计算出某天是星期几。

请你根据考勤表计算出本月员工加班、请假时长，并介绍运用了哪些函数。

活动 2：引导学生思考计算出的加班时长、请假时长如何快速匹配到薪酬表上。

请你根据考勤表将计算出的加班时长、请假时长批量匹配至薪酬表上，介绍运用的函数并演示操作步骤。

活动 3：引导学生思考基本工资及岗位津贴除了一个个输入数值计算外，还有什么方法可以批量计算。

请你根据基本工资、岗位津贴发放表计算出工资。

活动 4：请根据工资计算方法计算出员工工资并介绍运用了哪些函数。

活动 5：引导学生思考如何使数字变得直观、不同类型的图表有什么作用、如何实现数据可视化。

为了管控成本，人事经理想要了解本月加班情况，请你以部门为单位绘制加班时长图表，注明加班最少和最多的部门，并计算平均加班时长。

活动6：展示工作成果，同学之间互相检查本月薪酬计算是否有错误，并查找错误原因；展示绘制的图表，比较哪位同学绘制的图表更美观、直观；展示打印好的工资条并分享制作方法。

活动 7： 引导学生思考自己在规定时间内是否能完成以上工作、哪项工作花费的时间最多。

在实际工作中，我们会面临很多需要快速、准确、高效完成的任务，因此工作完成以后需要总结可以提升工作效率的方法。请你总结在登记员工信息中还有什么快速录入的方法，在计算薪酬时用到函数的作用及具体操作方法，如何增强数据可视化程度。

任务五　年 假 公 示

任务目标

1. 能够使用筛选功能筛选数据。
2. 能够使用逻辑函数批量计算数值。
3. 能够使用邮箱发送公示邮件。

任务描述

公司每年 7 月初都会公示上半年年假使用情况，以帮助员工更好地安排休假。请你根据请假记录以及公司的《职工带薪年休假条例》相关规定计算剩余年假天数并予以公示。

任务要求

1. 查阅《职工带薪年休假条例》，了解年假的计算方式。
2. 汇总每月请假表至年假汇总表。
3. 发送邮件公示。

课前准备

1. 资料准备：上半年请假单；公司的《职工带薪年休假条例》。

2. 场地准备：一体化教室（有网络接口、供小组使用的电源接口、白板）。

教师活动

第一，引导学生思考请假的种类。

第二，阅读《职工带薪年休假条例》后引导学生总结年假的计算方式。

活动 1：在请假统计表中筛选出请假类型为“年假”的记录。

讨论：数字、日期、文本、颜色四种类型的筛选分别适用于什么场景？操作方法是什么？快速筛选、多条件筛选、高级筛选三种筛选技巧如何操作？

活动 2：请你根据筛选后的数据以及《职工带薪年休假条例》相关规定计算员工剩余年假天数。

活动 3：请你将统计完成的数据通过邮件在全公司公示。

活动 4：展示年假统计表，同学之间互相检查是否存在错误，找出错误原因，请做得最快、最正确的同学分享操作经验。

任务六 编制 SOP 作业指导书

任务目标

能够根据岗位要求制作 SOP，使对人事工作不熟悉的人可以看懂你制作的 SOP。

任务描述

按照公司规定，所有岗位需制作岗位指导书以便岗位传承，你需要将员工入职和离职、薪酬计算和年假公示的项目制作成作业指导书，经过教师修改后，作品将在全校范围内展示。

任务要求

1. 根据任务清单绘制操作思维导图。
2. 学习 SOP 制作要点。
3. 制作岗位作业指导书 SOP。
4. 汇报展示。

课前准备

1. 资料准备：思维导图相关知识点；两份现成的 SOP，一份为文本型，一份为表格型。

2. 场地准备：一体化教室（有网络接口、供小组使用的电源接口、白板）。

教师活动

第一，引导学生总结本项目中自己完成了哪几项工作、每项工作的流程是什么。

第二，引导学生学习 SOP，并总结 SOP 的制作要点。

第三，学生在进行工作活动时教师要注意观察学生的动态，及时发现问题并提示学生解决问题。

第四，学生有问题时教师不一定立即给出答案，最好让学生思考，自己寻找解决方法，教师可以给出提示。

活动 1：请学生绘制人事工作的思维导图，并在班级中展示。

活动 2：引导问题——SOP 是什么？在日常生活中有没有见过 SOP？

请学生评价文本型和表格型 SOP 的特点和区别，根据自身情况采用不同类型 SOP 模板制作岗位作业指导书。

活动 3：通过小组互评，评选最直观、清晰的 SOP 作品。

任务七　工作考核与评价

任务目标

总结和改善在 Office 操作中的问题，提升办公效率。

任务描述

你的实习期即将结束，人事主管将对你的工作成果予以考核，考核结果为优秀的将转正。请根据之前的工作情况填写自评表和互评表，并进行转正汇报。

任务安排

1. 设计自评表和互评表。
2. 展示转正汇报。
3. 总结与评价。

课前准备

1. 资料准备：述职报告。

2. 场地准备：一体化教室（有网络接口、供小组使用的电源接口、白板）；投影设备；打印机、纸笔。

教师活动

第一，引导学生思考转正汇报的重点是什么。

第二，引导学生认识到，要想成功转正，要有突出的工作成效和价值。

第三，学生作述职汇报时，老师要逐一点评并记录，同时观察后面学生的行为。

活动 1：请你设计自评表和互评表用于转正考核打分。

工作成果和工作过程考核评量表模板如表 5–4 和表 5–5 所示。

表 5–4 工作成果考核评量表模板

总得分：

<table>
<tr><th>任务</th><th>考核内容</th><th>考核权重</th><th>任务总得分</th><th>备注</th></tr>
<tr><td rowspan="3">任务获取</td><td>了解人事的工作职能及任务</td><td>3%</td><td rowspan="3"></td><td></td></tr>
<tr><td>制作工作任务清单</td><td>2%</td><td></td></tr>
<tr><td>制订工作计划</td><td>3%</td><td></td></tr>
<tr><td rowspan="4">准备工作</td><td>劳动合同打印</td><td>5%</td><td rowspan="4"></td><td></td></tr>
<tr><td>保密协议制作</td><td>10%</td><td></td></tr>
<tr><td>入职材料准备清单设计</td><td>2%</td><td></td></tr>
<tr><td>邮件发送</td><td>3%</td><td></td></tr>
<tr><td rowspan="4">办理新员工入职</td><td>员工信息表制作，相关数值计算</td><td>10%</td><td rowspan="4"></td><td></td></tr>
<tr><td>工作证制作美观度及效率</td><td>5%</td><td></td></tr>
<tr><td>组织架构图</td><td>5%</td><td></td></tr>
<tr><td>公示邮件发送</td><td>2%</td><td></td></tr>
<tr><td rowspan="4">薪酬计算</td><td>薪酬计算效率</td><td>20%</td><td rowspan="4"></td><td></td></tr>
<tr><td>相关公式使用熟悉度</td><td>10%</td><td></td></tr>
<tr><td>图表绘制</td><td>5%</td><td></td></tr>
<tr><td>工资条打印</td><td>5%</td><td></td></tr>
<tr><td rowspan="4">年假公示</td><td>筛选使用熟悉度</td><td>5%</td><td rowspan="4"></td><td></td></tr>
<tr><td>函数使用情况</td><td>2%</td><td></td></tr>
<tr><td>年假统计表直观度</td><td>2%</td><td></td></tr>
<tr><td>年假公示邮件发送</td><td>1%</td><td></td></tr>
</table>

表 5–5 工作过程考核评量表

总得分：

任务	考核内容	考核权重	备注
专业能力	制订计划，Office 办公软件操作能力	50%	
方法能力	处理和解决问题的能力，总结和汇报能力	40%	
个人能力	能完成工作任务，有承担责任的意识	10%	

活动 2：请作转正汇报，汇报时间不超过 5 分钟。汇报后请在评分表打分。

引导问题：评分表请自行设计，样式由自己确定。

活动3：主管总结转正汇报，并宣布通过转正的人选。

项目六　毕业论文的编辑与评阅

项目描述

毕业论文是专业教育学业的最后一个环节，对排版格式具有严格的要求。学院有论文格式要求和专门的论文模板，在模板上有非常详细的格式要求。为了更好地完成毕业论文的撰写，以换位思考的方式完成编辑与评阅任务。

学习目标

1. 通过论文模板格式化，使毕业论文的格式达标。
2. 能够迅速实现论文的格式编辑。
3. 能够把网络搜集的资料按照论文格式的要求编辑。
4. 能够根据模板和格式化文件对其他同学的毕业论文进行校对与审阅。
5. 能够帮助同学完成毕业论文格式编辑。
6. 提高 Office 的操作技能。

任务一　获 取 信 息

任务目标

通过学习学院论文格式和模板，了解论文格式的要求。

任务描述

对毕业论文来说，格式是重中之重，必须认真对待。从学院的论文模板中获取信息，才能做到知己知彼。

任务要求

1. 成立学习小组。
2. 学习论文模板。
3. 完成论文要求的格式化。

课前准备

1. 资料准备：学院毕业论文的格式要求文件和模板，历年优秀毕业论文；历年毕业论文的批阅指导意见书等；提醒学生携带笔记本电脑。

2. 场地准备：一体化教室（有网络接口、供小组使用的电源接口、白板）。

3. 配套教材：《计算机基础和 Office 高级应用（第 2 版）》（周少卿，等 . 北京理工大学出版社，2019）。

知识连接

论文格式化八步法。

第一步，新建一个空白文档，按照论文要求完成页边距和装订线距离的设置，应用于整篇文章。

第二步，把编辑好的论文封面复制到空白文档内，并在结尾处插入分节符。

第三步，在分节符后面的新页上生成目录。步骤为“引用”→“索引和目录”，选择“目录”选项卡，一般只选择生成3级标题，单击“确定”就可自动生成目录，然后再次插入分节符。

第四步，把中英文摘要复制到分节符后面的新页上，修改好字体字号和段间距，并在摘要后面再次插入分节符。

第五步，把论文正文粘贴到后面的新页内，包括结语、参考文献和致谢。

第六步，添加页眉、页脚。步骤为“插入”→“页眉和页脚”，在里面输入指定内容并设置好字体即可。在每一个分节符后面，页眉和页脚都可以重新设置，即在同一篇文章里允许设置不同的页眉和页脚的内容和格式。比如，目录部分页码要用罗马数字，而正文部分用阿拉伯数字，还有的要求每个章节的页眉都必须是章节名等，都可以用插入分节符的办法实现。另外一点就是页码的输入问题。页码可以只输入第一页的数字，而后面的页码可以用页码选项“断续前页”来实现。

第七步，利用样式的快捷键迅速格式化文章。修改好论文的一个二级标题（一级标题是论文题目）后新建样式，创建快捷键，然后把所有的二级标题都点一遍；然后修改好一个三级标题的样式，再把所有的三级标题都点一遍；修改好一段正文内容格式，设置正文样式及快捷键，把所有的正文内容都点一遍。到此为止，论文正文格式应当相当规范了，而且如果需要修改某个格式，可以直接在样式中修改，非常方便。

第八步，更新目录。回到论文目录，因为修改格式段落的原因，页码会发生变化，所以必须在论文修改结束后更新目录。在目录正文上点右键，选择“更新域”，新目录便会生成。

教师活动

1. 批阅历年论文的格式，展示批阅和修改过程。

2. 引导学生观察论文中常见的格式问题和错误。

3. 引导学生思考毕业论文的格式错误是如何出现的，以及怎样避免和减少错误的发生。

4. 小组展示编辑好的论文格式，与其他小组互评，找出问题和错误并记录，观察小组之间的点评行为。

活动 1：学习毕业论文模板和格式要求，可以在模板上对照格式要求检查格式，也可以新建文档完成论文格式化工作。

在这个活动中，你遇到了什么问题？是如何解决的？

活动 2：小组互相展示格式化的模板，交流格式编辑时的心得。在这个活动中，你觉得哪个小组的方法更好？学习一下对方的方法。

活动 3：小结与评价，进行小组间互评。

引导问题：如何才能更快更好地完成模板格式的编辑工作？哪个组有更好的创新点？

任务二 明确问题

任务目标

每组完成一篇论文的格式评阅，给出论文评阅意见。

任务描述

利用老师提供的论文内容资料，对照格式规范要求完成一篇论文的格式评阅。

任务要求

1. 小组合作完成一篇论文的格式评阅，写出论文评阅意见。
2. 小组交叉作业，根据评阅意见完成论文的格式编辑修改。

课前准备

1. 资料：历年的论文评阅意见和共性问题的资料；历年毕业论文初稿和修改稿；提醒学生携带笔记本电脑。

2. 场地准备：一体化教室（有网络接口、供小组使用的电源接口、白板）。

教师活动

第一，引导学生阅读论文初稿和评阅意见，找出问题。

第二，引导学生展示本组的论文评阅意见和修改结果，小组互评。

活动 1：对照提供的初稿进行论文评阅，完成论文评阅意见。

活动 2：小组交换评阅意见和对应论文，按照评阅意见完成论文的格式修订。

引导问题：你修订了哪些格式问题？有哪些是评阅意见中没有提到的格式问题？请将这些问题记录下来。

活动 3：展示修订后的论文，小组互评，评出遗留问题最少的一组。请该组展示论文修订编辑的方法并记录。

任务三　评阅意见学习

任务目标

通过对照评阅意见和小组评阅意见，总结论文中格式的共性问题和编辑方法。

任务描述

为了更好地完成论文的格式编辑，利用论文评阅，对照学习论文的格式编辑。

任务要求

1. 对照评阅意见，找出小组评阅中的问题并记录。
2. 写出可行的格式编辑方法和思路。

课前准备

1. 资料：毕业论文资料；提醒学生携带笔记本电脑。
2. 场地准备：一体化教室（有网络接口、供小组使用的电源接口、白板）。

教师活动

第一，引导学生比较评阅结果，分析问题。

第二，引导学生思考评阅过程中出现的问题是忽视还是没有掌握?

活动1：采用头脑风暴法，小组对照评阅意见，分析评阅过程中的问题和格式编辑的掌握情况并记录。

活动 2： 根据记录，小组成员讨论统一格式编辑与修订的方法。

活动3：展示问题记录和格式编辑方案，小组互评结合教师评审，讨论后修改。

引导问题：此次展示，本组有了哪些改善？还有哪些需要继续提高？

任务四　毕业论文格式编辑

任务目标

完成一篇毕业论文的格式编辑。

任务描述

采用合适的格式编辑方法完成毕业论文的格式编辑并在组间评阅。

任务要求

1. 毕业论文的格式编辑。
2. 小组互评。

课前准备

1. 资料准备：清除格式的毕业论文材料。

2. 场地准备：一体化教室（有网络接口、供小组使用的电源接口、白板）。

教师活动

第一，引导小组共同制定评分标准。

第二，引导学生换位思考。

活动 1： 小组完成毕业论文格式编辑，每组推荐一名同学展示编辑方法和过程，小组互评并记录。记录表由小组合作设计。

活动 2：各小组制订论文评阅标准，通过小组讨论形成统一的评阅标准。

活动3：各小组依据论文评阅标准评阅论文，给出得分，并上台展示评阅结果。小组间交流讨论，评阅结果获得一致认可后提交教师评审。

活动 4：结合评阅结果，各小组对论文的格式编辑进行总结，评价本次活动中小组成员的学习表现。

任务五　总结和改善

任务描述

毕业论文编辑与评阅完成后，按照要求召开工作总结会，对整个过程进行评价，对以后的工作提出优化建议（改善方案）。

任务要求

1. 对小组其他成员在这个项目中的成长表现（包括出勤率、创新意识、团结合作、论文编辑与评阅等方面）进行评价，并填入一个新的表格中，表格的格式由小组设计确定。

2. 总结自己在团队合作中的积极性、主动性、团队协作精神的表现，以及还有哪些方面需加强。

3. 小组合作讨论在该项目中学到和用到哪些 Office 知识或技能，并推荐一名组员在会议上宣讲，小组互评，总结学习效果。

4. 根据各小组工作过程的成功经验，提出毕业论文编辑的改善方案，优秀方案在全校推广。

课前准备

1. 资料：毕业论文、工作反思和总结相关的资料。

2. 提醒学生携带笔记本电脑。

3. 配套教材：《计算机基础和 Office 高级应用（第 2 版）》（周少卿，等．北京理工大学出版社，2019）。

知识链接

知网、万方等数据信息检索平台。

教师活动

第一，旁听小组讨论，发现并提示学生反思要点。

第二，督促每位学生积极完成总结和改善意见。

第三，组织小组汇报。对每组的工作和学习情况进行考评，根据各个工作过程评定每位学生的成绩。

第四，教师点评学生设计的评价表，给出意见。

活动 1：组织小组成员对学习表现进行互评，互评标准可参照现有标准讨论修改。总结团队工作，包括成员学习表现哪些需要保持，还有哪些需要加强。

活动 2：小组成员结合毕业论文的编辑与评阅工作，换位思考。

活动 3：反思毕业论文的编辑与评阅工作，如果 Office 高级应用课程组希望你能承担课程助教的工作，你觉得能承担吗？

项目七　员 工 培 训

项目描述

假设你是人事培训助理，需要协助人事训导组完成一次员工 Office 应用培训工作。

学习目标

1. 能与相关部门和人员进行良好、有效的沟通，能进行团队合作。

2. 能获得培训师所具有的培训与指导他人的能力。

3. 从接受他人的指导与培训转变成能够指导和培训他人。

4. 能使受训员工回到工作岗位后明显改善自己的工作态度与工作绩效。

5. 能够完成培训相关文档的准备。

6. 通过培训的过程和结果，能够客观地评价他人的学习和工作。

任务一 获取信息

任务目标

通过分析员工 Office 应用现状和技能水平，得出恰当的培训需求。

任务描述

在规划与设计培训活动之前，由相关部门或培训师根据企业目标和部门现状，对员工的目标、知识、技能等方面进行系统的鉴别与分析，并征求参训人员的培训期望及主管的意见，从而确定培训的必要性及培训内容和过程。

任务要求

1. 分析员工 Office 应用水平和主管要求之间的差距。
2. 完成主管培训期望意见的征求工作。
3. 完成培训需求分析和培训内容的确定。

课前准备

1. 资料准备：企业背景、企业培训记录和考核结果；Office 应用培训报告等；提醒学生携带笔记本电脑。

2. 场地准备：一体化教室（有网络接口、供小组使用的电源接口、白板）。

3. 配套教材：《计算机基础和 Office 高级应用（第 2 版）》（周少卿，等. 北京理工大学出版社，2019）。

教师活动

第一，角色扮演，由教师担任企业主管。

第二，引导学生分析企业员工目前 Office 应用水平。

第三，引导学生思考 Office 应用水平的培训需求与工作绩效的关系。

第四，小组展示培训需求分析和培训内容的确定。

活动 1：通过访谈和交流，了解企业 Office 应用水平现状和员工对培训的期望并记录。

在这个活动中，你遇到了什么问题？是如何解决的？

活动 2：通过与企业主管交流，了解企业主管对 Office 应用水平的培训期望和以往员工受训后的效果并记录。

活动 3：分析培训需求和确定培训内容。

引导问题：根据交流结果完成需求分析，确定培训内容。

活动 4：小结与评价。小组互评。

在与员工和主管的交流过程中遇到了什么问题？有没有准备访谈提纲？访谈记录表有没有需要完善的地方？

任务二　制订培训计划

任务目标

协助人事训导组完成培训计划的制订工作。

任务描述

制订培训计划，主要包括培训内容、培训目标、培训时间、培训形式、培训资源、培训团队、培训地点、成本预算、确定受训人员以及培训需求说明。然后向主管部门申报，待主管部门审批通过后，整理搜集培训资料，如公司制度、工作流程、相关的SOP，并针对培训需要解决的问题制订详细的培训方案。

任务要求

1. 根据需求分析结果和培训内容完成培训计划的制订并通过审批。
2. 完成培训资料的搜集工作。

课前准备

1. 资料准备：供参考的培训计划范本和模板；往期的培训记录、员工受训记录表、培训师资料、培训场所信息和使用情况及相关申请流程；提醒学生携带笔记本电脑。

2. 场地准备：一体化教室（有网络接口、供小组使用的电源接口、白板）。

教师活动

第一，引导学生分析与学习往期培训的相关资料、申请文件与流程。

第二，引导学生制订培训计划。

第三，引导学生展示本组的培训计划，小组互评。

活动 1：分组制订培训计划，经讨论修改后提交主管（教师）审批。

活动 2： 小组汇报培训计划，组间互评并记录存在的问题，完善培训计划。

活动 3： 培训计划审批通过后，整理搜集培训资料，以培训手册的方式呈现。

任务三　培训方案设计

任务目标

完成培训方案的设计工作。

任务描述

培训方案主要包括培训目标、培训内容、方法及活动设计、培训资源设计、培训评估设计，并落实培训人员及地点。对首次主持的培训师，要通过试讲来修订培训方案。

任务要求

1. 完成 Office 应用培训方案设计。
2. 你首次主持培训，完成一次培训试讲。

课前准备

1. 资料准备：已完成的培训计划；提醒学生携带笔记本电脑。
2. 场地准备：一体化教室（有网络接口、供小组使用的电源接口、白板）。

教师活动

第一，引导学生进行培训方案设计。

第二，引导学生在试讲过程中反思培训方案的细节。

活动 1：小组根据培训计划和企业相关信息，完成培训方案的制订工作。

活动 2：根据培训方案进行一次试讲，记录出现的问题并进行调整。

任务四　培训现场管理

任务目标

1. 协助培训师完成培训工作，及时处理现场发生的问题。
2. 记录培训过程和考核结果，反思培训过程。

任务描述

培训师针对员工需要的Office应用技能进行现场培训。在讲解理论知识后，培训师动手操作给员工看，按照“讲给他听→做给他看→让他说说看→让他做做看→讲给我听”的流程，边操作边讲解。待员工掌握操作过程后，指导员工进行操作，培训人员要观察受训人员在实际操作中的问题，进行指导后再让员工操作，确保员工按要求进行操作，然后再让操作完成的员工给未完成操作的员工讲解并操作，目的是培养员工在掌握理论和技能的同时拥有管理和培训他人的能力。

任务要求

1. 完成现场培训指导工作。
2. 通过考核记录，评价员工受训效果和培训过程的持续改善。

课前准备

1. 资料准备：培训记录表、培训教室安排。
2. 场地准备：一体化教室（有网络接口、供小组使用的电源接口、白板）。

教师活动

第一，引导学生指导员工操作。

第二，引导学生从培训记录和考核结果反思培训过程。

活动 1：小组模拟企业培训，讲解一个知识点和操作，指导学员练习，组织考核，并完成培训记录表的设计和填写。

活动 2：各小组根据考核结果反思培训过程。

引导问题：该培训的目标是否达到？ Office 应用的知识和技能讲解是否到位？员工受训后，Office 应用的水平是否得到了提升？

活动 3：小组互评培训效果。对效果好的小组要给予表扬，对不好的小组要进行批评并提出改善要求。

活动 4：结合互评结果，对培训过程和结果作一个小结，评价本次活动中小组成员的表现。

任务五　总结和改善

任务目标

通过对培训任务的总结，总结工作过程中的问题和经验，形成经验和改善方案。

任务描述

培训项目完成后，培训师要对本次培训过程进行小结，总结经验，指出问题和提出改善意见。

任务要求

1. 完成培训效果评估与转化，主要是对培训课程设计、培训方式、培训效果进行评估。

2. 总结自己在团队合作中的项目管理能力、指导他人能力、团队协作能力的表现？还有哪些方面需加强？

3. 小组合作讨论在该项目中学到和用到哪些 Office 知识或技能，并推荐一名组员在会上宣讲，小组互评，总结学习效果。

课前准备

1. 资料：培训档案、工作反思和总结相关的资料。

2. 提醒学生携带笔记本电脑。

3. 配套教材：《计算机基础和 Office 高级应用（第 2 版）》（周少卿，等 . 北京理工大学出版社，2019）。

教师活动

第一，组织培训总结，引导学生反思培训项目。

第二，督促每位学生积极完成项目总结。

第三，组织小组汇报，对每组的工作和学习情况进行考评，根据在各个工作过程的表现评定每位学生的成绩。

活动 1：组织小组成员对培训项目的实施和结果进行讨论与点评。总结团队工作，包括成员学习的表现有哪些方面需要保持，哪些方面需要改善。

活动2：反思培训项目中自己的表现，如果现在让你承担Office高级应用课程的课程助教工作，你觉得自己能否胜任，还有什么困难需要解决？